# BEI GRIN MACHT SICH IHR WISSEN BEZAHLT

- Wir veröffentlichen Ihre Hausarbeit, Bachelor- und Masterarbeit

- Ihr eigenes eBook und Buch - weltweit in allen wichtigen Shops

- Verdienen Sie an jedem Verkauf

Jetzt bei www.GRIN.com hochladen und kostenlos publizieren

Patrick Wenz

# Background music as an Economy Sound am Beispiel von Einzelhandelsgeschäften in der Mainzer Innenstadt

GRIN Verlag

**Bibliografische Information der Deutschen Nationalbibliothek:**

Die Deutsche Bibliothek verzeichnet diese Publikation in der Deutschen National-
bibliografie; detaillierte bibliografische Daten sind im Internet über http://dnb.d-
nb.de/ abrufbar.



**Impressum:**

Copyright © 2011 GRIN Verlag GmbH
Druck und Bindung: Books on Demand GmbH, Norderstedt Germany
ISBN: 978-3-656-28467-3

**Dieses Buch bei GRIN:**

http://www.grin.com/de/e-book/201883/background-music-as-an-economy-sound-
am-beispiel-von-einzelhandelsgeschaeften

# Background music as an Economy Sound am Beispiel von Einzelhandelsgeschäften in der Mainzer Innenstadt

PATRICK WENZ

Mit 9 Abbildungen und 3 Tabellen

## 1    Einleitung

Der Forschungsbegriff der Economy Sounds stellt eine eigene Wortformulierung des Autors dar. Dies ist notwendig, da in den zahlreichen recherchierten Quellen kein adäquater Ausdruck für das gemeinte gefunden wurde. Es kann daher nicht ausgeschlossen werden, dass der Ausdruck sich nicht doch in anderen wissenschaftlichen Publikationen finden lässt, jedoch dann vermutlich in einem anderen Kontext als in diesem Artikel.

Unter meiner Definition sind Economy Sounds demnach "Sounds die einen Stimulus auf Menschen auswirken der zur Beeinflussung des Verhaltens bei einem Kaufprozess dient". Hierbei ist die Ergänzung der Definition um den Zusatz der Beeinflussung des Verhaltens bei einem Kaufprozess entscheidend. Ohne diesen Zusatz verstünde man sonst auch Sounds von Industrieanlagen, Logistikverkehr, Baustellen, etc. als Economy Sounds. Diese Sounds sind ja die eigentlichen „ökonomischen Sounds", weil sie von der „Ökonomie", im Sinne von Wirtschaft produziert werden.

Gemäß Definition sind Beispiele für Economy Sounds: die background music in Einzelhandelsgeschäften und Restaurants; der Marktschreier auf dem Wochenmarkt; alle Kommunikationen rund ums Thema Feilschen; der Einsatz von Musik in Werbung und TV und der Bereich des Sounddesigns von Produkten. Es wird nochmals betont, dass die Sounds definitionsgemäß das Verhalten bei einem Kaufprozess beeinflussen müssen. Dies schließt im klassischen Buyer-Seller Konzept beide beteiligten Seiten mit ein, d.h. wird von einem Modegeschäft wie C&A background music mit dem Ziel der Verbesserung der Laune der Angestellten verwendet, so ist dies ein Economy Sound, da diese Menschen auf Seite der Seller eine aktive Rolle im Prozess besitzen. Wird hingegen background music in der Fabrik, welche Kleider für C&A produziert mit dem gleichen Ziel eingesetzt, so ist dies nicht als Economy Sound zu verstehen, da die Arbeiter in diesem Unternehmen keine aktive Rolle im Buyer-Seller Konzept haben. Unter aktiv wird hier die räumliche und/oder zeitliche Nähe verstanden.

Wegen der großen Vielfalt des Forschungsfeldes der Economy Sounds behandelt dieser Fachartikel nur den Einsatz von background music in Einzelhandelsgeschäften. Es wird die Verbreitung und der Einsatz von background music analysiert. Als Untersuchungsstandort wurde aus praktischen Gründen die Stadt Mainz gewählt. Diese besitzt mit einer Einwohnerzahl von knapp 200 000[1] eine ausreichende Größe und die nötige Vielfalt von Geschäften.

---

[1] Stadt Mainz 2011. Internet: http://www.mainz.de/WGAPublisher/online/html/default/akah-6dlcst.de.html (01.02.2011)

## 2        Musik als entscheidender Stimulus

Bereits bei den frühen ersten Recherchen im Untersuchungsgebiet[2] fiel die Dominanz des Musikeinsatzes als ausgewählter Stimulus auf. Gestützt wird diese subjektive Wahrnehmung durch Recherchen von VIDA „…in the last decade, music in particular has become a major element in design of atmosphere in shops and one of the most studied general interior cues. … music appears to be a central strategic lever in store atmosphere because of its proven effects on consumers " (VIDA 2007, 469).

Es stellt sich daher die Frage, worauf diese große Verwendung beruht? Zur Beantwortung dieser Frage werden zuerst die Kosten der Musiknutzung analysiert. In Deutschland gibt es rechtliche Vorgaben für den Einsatz von Musik als Economy Sound. Möchte man, unabhängig von welcher Intension, auf den Einsatz nicht verzichten, so muss man finanzielle Zahlungen an die Gesellschaft für musikalische Aufführungs- und mechanische Vervielfältigungsrechte (GEMA) leisten. Es gibt zwar auch nicht-GEMA geschützte „freie" Musik, allerdings ist diese nicht so vielfältig wie das Repertoire, welches die GEMA bietet. Die Kosten für die einzelnen Verwendungszwecke sind in speziellen Tarifverträgen geregelt.

Es ist häufig so, dass die ökonomischen Kosten für den Einsatz von Musik im Verhältnis zu den betriebswirtschaftlichen Gesamtkosten gering sind. Dies ist eine mögliche Erklärung für die hohe Anzahl von Geschäften im Untersuchungsgebiet, in denen Musik abgespielt wird[3]. Zu diesem Schluss kommt auch VIDA in dem er sagt: „Music appears to be a central strategic lever in store atmosphere because of ist … relatively low cost in music selection and implementation in the retail setting (VIDA 2007, 469).

Betrachtet man den Einsatz von Musik aus wissenschaftlicher Sicht, so kann dieser durch diverse Quellen aus den Bereichen Musikwissenschaft, Psychologie und Marketing als günstig bestätigt werden:
So schreiben FUIJKAWA und KOBAYASHI „Music is a most specialised human cultural artefact and powerful stimulus to our behavior and decision making" (FUIJKAWA, KOBAYASHI 2010). Diese Aussage ermöglicht erste wissenschaftliche Rückschlüsse auf die Wirkung von Musik zu. Durch weitere Quellen wie GUÉGUEN: „Background music is known to influence people's behavior, particulary consumer's behavior" (GUÉGUEN, 2007) oder wie MILLIMAN: „Background music is to improve store image, make employees happier, reduce employees turnover and stimulate customer purchasing" (MILLIMAN 1982) wird der Zusatz in der Definition von

---

[2] Der Schwerpunkt des Untersuchungsgebiets liegt in der Innenstadt von Mainz, einzelne Standorte finden sich aber standortbedingt weiter außenhalb. Siehe Abbildung xx.

[3] Vergleiche Kapitel 5

Economy Sounds begründet. Besonders die Aussage von Milliman zeigt, dass die oben beschriebene beidseitige Beteiligung von Buyer und Seller am Kaufprozess sinnvoll ist.

Aus verhaltenspsychologischer Sicht kann die Wirkung von Musik mit Hilfe des Mehrabian-Russell Modell in Abbildung 1 erklärt werden. Das Modell stammt zwar aus dem Jahre 1974, wird aber immer noch als

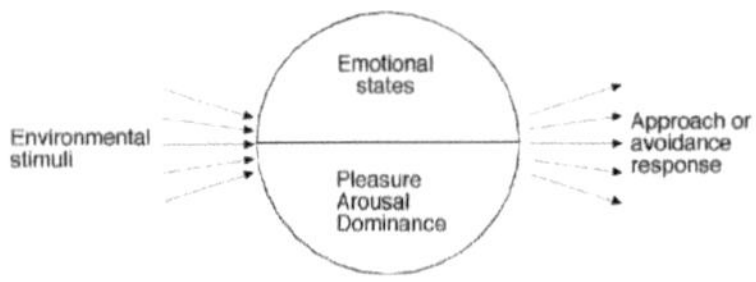


Abbildung 1: Mehrabian-Russel Modell (Billings 2010, 9)

grundlegend und gültig in der Verhaltenspsychologie angesehen. Nach dem Modell empfängt ein Individuum einen emotionalen Stimulus aus seiner erfahrbaren Umwelt und verarbeitet diesen auf Grundlage seiner aktuell gültigen emotionalen Situation. Diese emotionale Reaktion des Individuums wird durch die drei großen Faktoren Pleasure, Arousal and Dominance bestimmt. Möchte man diese deutsche Begriffe für diese nennen, so kann Pleasure als Freunde oder Vergnügen verstanden werden; Arousal als Erregung oder Wecken und Dominance als Beherrschung. Nach dem Modell folgt auf die emotionale Reaktion eine individuelle „behavior response". Mehrabian und Russell meinten hierzu: „Emotional reactions like pleasure or arousal represent the common car of human response to all types of environments

(Mehrabian und Russell 1974). Nach ihrer Theorie ergeben sich für das Individuum bei Pleasure nur zwei Optionen: enjoyable oder not enjoyable.

Approach and Avoidance Responses
in a Retail Environment

| Behavioral Dimension | Approach Behavior | Avoidance Behavior |
| --- | --- | --- |
| Physical | Patronize store | Avoid store |
| Exploratory | Browse through merchandise | Look at minimum number of items |
| Communication | Interact with sales personnel | Avoid interaction with personnel |
| Performance & Satisfaction | Repeat shopping in store frequently | Do not return to store |

Abbildung 2: Responses for Arousal (Billings 2010, 8)

Die gleiche Bedingung findet sich bei Arousal. Hier sind die zwei Optionen Approuch oder Avoidance.

Die Relevanz dieses Modells für meine Forschung zeigt sich bei Vida, indem er sagt: „...music induces emotions in shoppers and influences their shopping behavior" (Vida, 2007). Übertragen auf das Modell stellt die Musik den „enviromental stimuli" dar; die „emotions in shoppers" die emotionale Reaktion und die „influences their shopping behavior" den individuellen Response.

Abschließend kann der Musikeinsatz durch Wicke nochmals dargestellt werden: „Das Grundprinzip der Musikbeschallung besteht in der zielgerichteten Anwendung der physiologischen und psychischen Wirkungen von Musik für ganz bestimmte Effekte; für eine Konditionierung des Menschens auf genau definierte Ziele, ohne dass diese ihm selbst bewusst sind" (Wicke, 1997).

In Bezug auf eine mögliche Kategorisierung von der eingesetzten Musik muss auf den Unterschied in der englischsprachigen und der deutschsprachigen Literatur hingewiesen werden. Bei der Verwendung des Begriffes „background music" wie sie im Titel dieser Arbeit vorkommt, wird in der englischsprachigen Literatur auf eine Kategorisierung verzichtet. Deutschsprachige Quellen wie Langer 2004 oder Mood Media 2011 unterscheiden zwischen Vorder- und Hintergrundmusik. Nach Langer versteht man demnach unter Vordergrundmusik Musik, die sofort bewusst wahrgenommen wird, in dem der Gesang im Vordergrund der Melodie steht. Hintergrundmusik hingegen wird eher unbewusst wahrgenommen und enthält oftmals keinen Gesang. Sie soll dem Hörer nicht zu viel Aufmerksamkeit abverlangen, wohingegen die Vordergrundmusik das aktive Zuhören initiieren soll (Langer 2004).

Da die wörtliche Übersetzung des gängigen englischsprachigen Ausdrucks „background music" ins Deutsche „Hintergrundmusik" wäre und dies zu inhaltlichen Problemen führen könnte, wird in diesem Artikel der englische Ausdruck verwendet, der inhaltlich Vorder- und Hintergrundmusik zusammenfasst.

## 3 Geographische Relevanz

Bei der Betrachtung der Bedeutung der per Definition festgelegten Economy Sounds unterscheide ich in musikalische Economy Sounds und nicht-musikalische. Grundlage hierfür bietet die Definition von Musik[4]. Zu den musikalischen Economy Sounds gehören folglich die Bereiche background music in Einzelhandelsgeschäften und Restaurants und TV Werbung. Der Marktschreier, der Bereich des Sounddesigns und die Kommunikationsprozesse zum Thema Feilschen gehören zu den nicht-musikalischen Economy Sounds.

Bei dieser Einteilung ist jedoch zu beachten, dass eine Trennung in musikalische und nicht-musikalische Economy Sounds nicht immer genau möglich[5].

Da sich dieser Artikel mit dem musikalischen Economy Sound der background music beschäftigt, wird nachfolgend nur die geographische Relevanz dieses Themenfeldes dargestellt.

Möchte man das Forschungsthema zu einem Teilgebiet der Geographie zuordnen, so

---

[4] „Musik sind in zeitlicher Abfolge ablaufende Geräusche, welche beim aufmerksamen Zuhörer komplexe Assoziationen bewirken, die einzeln klar trennbar und schlüssig sind, aber ebenso einen konkreten Gesamtbewusstseinseindruck hervorrufen, dessen Stärke mit der wirklichen Größe der Musik skaliert. Dieser entspricht einem starken Strom vom Unterbewusstsein zum Bewusstsein und umgekehrt" (Nagler 2011)

[5] Beispiel: SB-Warenhaus Real lässt background music laufen, die von Werbeansagen unterbrochen wird.

gehört es in das Feld der Wirtschaftsgeographie, da durch den Musikeinsatz Menschen in ihrem Kaufverhalten beeinflusst werden und dieses Kaufverhalten selbst eine bedeutungsvolle Variabel im allgemeinen Wirtschaftskreislauf ist. Diese Zuordnung kann durch MILLIMAN unterstützt warden. So schreib er in einer Studie aus dem Jahre 1982, die den Titel „Using Background Music to Affect the Behavior of Supermarket" trägt: „This study… can help marketing managers interested in influencing the behavior of their customers by using music" (MILLIMAN 1982, 87). Hieraus wird jedoch nur das Ziel der Beeinflussung des Kunden deutlich, die wirtschafts- geographische Relevanz wird erst bei HELMS hervorgehoben: „Musik … geht an die Händler. Jetzt muss sie etwas bringen, marktschreierisch mit vielen um Aufmerksamkeit buhlen und doch niemanden verschrecken und sie muss eines: Umsätze steigern, expandieren!" (HELMS 2007, 9). Dass viele Unternehmen diese hier beschriebenen Ziele erstnehmen, zeigt sich dadurch, dass es diverse Sounddesigner-Unternehmen gibt, die sich auf die Gestaltung und Konzeption von background music spezialisiert haben. Eine der in Deutschland führenden Firmen hierzu ist die international tätige Firma Mood Media mit ihrem für Deutschland zuständigem Büro in Hamburg. Hier wird maßgeschneiderte Musik erstellt, welche an den Kunden, seine Produkte, seinen Standort, etc. angepasst ist.

Interessant ist, dass für die Auswahl der richtigen Musik die Erfahrungen der Mitarbeiter als ausreichend angesehen werden. Wissenschaftliche Erkenntnisse wie sie im nachfolgenden Kapitel präsentiert werden, finden weitestgehend keinerlei Berücksichtigung (Mood Media 2010).

Auch die finanziellen Einnahmen der GEMA durch die Musik-Verwendungslizenzen der Unternehmen sind ökonomisch von großer Bedeutung. Im Jahre 2006 beliefen sich z.B. die Jahreseinnahmen der GEMA auf 841,0 Millionen Euro (GEMA 2009, 3). Leider konnte nicht ermittelt werden, wie viele hiervon durch den Bereich der background music eingenommen wurden.

Da sich dieser Artikel wie oben beschrieben auf die Analyse von Einzelhandelsgeschäften beschränkt, ist es relevant zu wissen wie diese wirtschaftsgeographisch differenziert werden.

Im Bereich des Einzelhandels kann auf fundierte wissenschaftliche Quellen der Wirtschaftsgeographie zurückgegriffen werden. Es ist eine Zweiteilung in die Oberkategorien „food" und „non-food" vorhanden, die allerdings nicht durchgängig gültig ist, da z.B. die Betriebsform des Supermarktes sowohl im Sortiment „food", als auch im Sortiment „non-food" repräsentiert ist. Eine detailliertere Einteilung der zwei Bereiche wird über verschiedene Indikatoren wie Verkaufsfläche, Bedienungsform,

Preisniveau und Standort durchgeführt. Er ergeben sich im Bereich „food" fünf charakteristische Betriebsformen: Bedienungsladen, SB-Laden, Supermarkt, Verbrauchermarkt/SB-Warenhaus und Discounter. In der Oberkategorie „non-food" unterscheidet KULKE ebenfalls fünf Betriebsformen: das Fachgeschäft, das Kaufhaus, das Warenhaus, der Fachmarkt und der Discounter.

## 4    Wissenschaftliche Erkenntnisse

Wie bereits angesprochen sind die geographischen Forschungen zum Thema „background music as an Economy Sound" nicht weit vorangeschritten, bzw. aus wissenschaftlicher Sicht nicht ausreichend. Aus diesem Grund stammen die wissenschaftlichen Erkenntnisse hauptsächlich aus dem Bereich der Psychologie und Marketing. Dieses Forschungsfeld ist im Gegensatz zur geographischen Perspektive wissenschaftlich gut erforscht und kann durch zahlreiche Studien gut dargestellt werden.

Im nachfolgenden Abschnitt 4.1 werden nacheinander einige Erkenntnis bringende Studien vorgestellt, die für Fragestellung dieser Arbeit relevant sind. Es wird hierbei auf eine chronologische Reihenfolge verzichtet, da die geschichtliche Abfolge der Erkenntnisse irrelevant ist. Interessant sind nur die gewonnenen Forschungsergebnisse.

Um aber eine gewisse Einteilungsstruktur zu bewahren, werden die Studien grob nach ihren Forschungsräumen sortiert.

Es ist zu beachten, dass die Gestaltung der Forschungstätigkeit zum Teil sehr unterschiedlich zur geographischen Erhebungsmethode ist. Im Abschnitt 4.2 wird hierauf etwas detailierten eingegangen, um eine Verdeutlichung der Aussage zu schaffen.

### 4.1    Studien

*A    Einzelhandel*

Wirtschaftsgeographisch ist der Begriff Supermarkt genau definiert (KULKE 2008). Nachfolgende Quellen verwenden allerdings den Begriff Supermarkt ohne in ihren Studien eine genau Definition zu geben, bzw. enthalten keine genaueren Beschreibungen der Untersuchungsstandorte, um eine Zuordnung in die wirtschaftsgeographischen Betriebsformen zuzulassen.

Eine Studie von SMITH und CURNOW aus dem Jahr 1966 beschäftigt sich mit dem Einfluss der Lautstärke der background music im Supermarkt auf das Verhalten der Kunden. Es sollte untersucht werden wie sich der Supermarkteinkauf bei verschiedenen Lautstärkepegeln unterscheidet. Hierzu wurden 8 Supermärkte im Großraum New York ausgewählt. Innerhalb eines Zeitraumes von zwei Wochen wurden die Kunden in den Supermärkten beobachtet. Die ausgewerteten Daten ergaben als Ergebnis, dass in den

Supermärkten wo laute Musik gespielt wurde, die Kunden ihren Einkauf bereits durchschnittlich 4 früher abgeschlossen hatten, als in den Supermärkte, welche leise Hintergrundmusik abspielten. Die Autoren folgerten daher auf eine signifikante Wirkung der Lautstärke auf die Dauer des Supermarktaufenthaltes. Die weitere Auswertung der erhobenen Daten ergab allerdings keinen signifikanten Unterschied in der Kundenzufriedenheit oder dem Umsatz der acht beteiligten Supermärkte.

Basierend auf den Forschungserkenntnissen von SMITH und CURNOW ergab sich für MILLIMAN 1982 die Frage, ob die Abspielgeschwindigkeit der Hintergrundmusik in einem Supermarkt Auswirkungen auf die Dauer des Supermarkteinkaufs des Kunden hat, bzw. ob ökonomische Auswirkungen bezüglich des Umsatzes ergeben. Die Studie wurde in einem Supermarkt einer 150 000 Einwohner habenden Stadt im Südwesten der USA durchgeführt. Der Zeitraum betrug 9 Wochen (28.01 bis 31.03.1980). Es wurden drei Variablen verwendet: keine Musik, langsame Musik und schnelle Musik. Alle verwendeten Musikstücke waren instrumental. Per Definition des Autors galten Musikstücke als langsam, wenn sie eine Zahl von 72 oder weniger bpm (beats per minute) hatten, bzw. als schnell, wenn ihre bpm Zahl mindestens 94 betrug. Per Zufallsgenerator wurde an jedem Verkaufstag morgens entschieden, welche der drei Variablen an dem Tag Verwendung fand. Für die Datenerhebung wurden Passanten Ströme zeitlich gemessen, indem die Zeit gestoppt wurde, die Kunden zwischen zwei markanten Punkten im Supermarkt benötigten. Als Indikator für die ökonomischen Auswirkungen wurden die Bargeldtageseinnahmen an allen Kassen addiert.

Als Ergebnisse der Studien konnte MILLIMAN keinen signifikanten Unterschied zwischen keiner Musik und langsamer oder schneller Musik nachweisen. Innerhalb der beiden Variablen langsame Musik und schnelle Musik ergaben sich aber signifikante Unterschiede. So benötigten die Kunden wesentlich länger für die Strecken zwischen den Messpunkten, wenn langsame Musik abgespielt wurde. Dies führte dazu, dass die Kunden längere Zeit für ihren Supermarkteinkauf benötigen. Nach dem Autor ergibt sich hierbei nun die Möglichkeit zusätzliche Produkte zu kaufen, welche ursprünglich nicht eingekauft werden sollten. Die Kunden tendieren mehr einzukaufen, als sie benötigen. Die Vermutung konnte durch die ökonomische Datengrundlage der Kasseneinnahmen bestätigt werden. An Tagen mit langsamer Musik betrugen die Tageseinnahmen durchschnittlich 16,740$; hingegen bei Versuchstagen mit schneller Musik der Tagesumsatz sich nur auf 12,112$ belief. Dies stellt einen Unterschied von 38,2% da und wird von dem Autor als signifikant angesehen „...the tempo of instumental background music can significantly influence the pace of in-store traffic flow and the daily gross sales volume"(Milliman 1982, 90).

Eine Untersuchung auf die Frage, ob die background music in einem Supermarkt Auswirkungen auf die Auswahl der Produkten durch den Kunden haben kann, führten North, Hargreaves und McKendrick 1997 durch. Hierzu plazierten sie in einem Regal in einem englischen Supermarkt jeweils vier deutsche und französische Weine. Hierbei achteten sie besonders auf ähnliche Preise und Zuckergehalte (jeweils gleiche Anzahl an trockenen und lieblichen Weinen). Über einen Zeitraum von zwei Wochen wurde ausgewertet für welche Weine sich die Kunden entscheiden, wenn zum Einen französische Akkordeon background music läuft, oder zum Anderen „deutsche Bierkeller" Musik. Was damit gemeint ist, wird in der Studie nicht näher erläutert. Nach ihrer Theorie sollten die jeweilige Musik des Landes eine Selektionsfunktion darstellen: „...music can activite superordinate knowledge structures..." (North 1997, 132). Durch eine unbewusste Assoziation mit dem jeweiligen Land wurden die Kunden vermehrt zu einer Auswahl des Weines, dessen passende background music gerade lief angeregt. Die erhobenen Daten konnten aber keine Umsatzsteigerung aufzeigen, sonder lediglich eine selektivere Weinauswahl.

1990 untersuchte Billings das Einkaufsverhalten von Männern und Frauen.

Hierzu wurden 55 Studenten im Alter von 19-22 Jahren ausgewählt, welche jeweils in zwei Einzelhandelsgeschäfte in der US-Stadt Wesleyan im Bundesstaat Illinois besuchten. Dabei füllten sie in den jeweiligen Geschäften immer den gleichen Fragebogen aus. Aus den Ergebnissen folgerte Billings, dass entgegen ihrer anfänglichen Vermutung, eher Männer intensiver auf Stimuli durch Musik in Geschäften reagieren. Ihre ursprüngliche These, dass „...one gender is more highly affected by the store music enviroment than the other...", konnte aber als nicht gültig verworfen werden.

Eine Studie von Guéguen beschäftigte sich mit dem Einfluss von background music auf die Warenauswahl des Kundens in einem Blumenladen. Hierzu wurden drei Variablen ausgewählt: love songs and romantic music, pop music und no music. Die Hypothese lautete: "Love songs and romantic music would prime or increase the level of these feelings[6] and therefore that customers would spend more money on flowers when love songs and romantic music were playing than when pop music or nor music was playing" (Guéguen 2009, 76). Getestet wurde diese Hypothese in einem Blumenladen in einer „mittelgroßen" Stadt im Westen von Frankreich. Die Teilnehmerzahl betrug 120 Personen, wobei ein ungleiches Männer-Frauen Verhältnis vorlag (48 Männer zu 72

---

[6] Nach Guéguen assoziiert man mit Blumen Liebes- und romantische Musik

Frauen). Es wurde täglich[7] im Zeitraum von 13:30 Uhr bis 15:30 Uhr Untersuchungen vorgenommen. In diesen zwei Stunden wurde per Zufall alle zwanzig Minuten die Variabel geändert. Es wurde die Zeit in der sich der Kunde im Geschäft befindet und der ausgegebene Betrag notiert. Als Ergebnis der Studie wurde festgestellt, dass nur die Variable der love songs and romantic music einen signifikanten Einfluss auf das Kaufverhalten der Kunden hatte. So verbrachten alle Kunden dieser Variabel durchschnittlich fast fünf Minuten im Geschäft; Kunden, die keine background music hörten benötigten dagegen knapp vier Minuten für ihren Einkauf und Kunden, die Popmusik hörten verbliebe sogar nur zweieinhalb Minuten im Blumenladen. Für die Hypothese waren allerdings die Ausgaben der Kunden relevant. Hierbei gaben die Kunden erstere Variablen durchschnittlich rund 33 Euro aus; ohne Musik belief sich der Einkaufswert auf rund 25 Euro und mit Popmusik betrug er rund 27 Euro. Die Hypothese wurde daher vom Autor bestätigt: „The comparison between the three conditions shows clearly that romantic music had a positive effect on the amount of money spent by customers. No difference was found between the amount of money spent in the pop music and no music control conditions." (GUÉGUEN 2009, 79).

In dieser Studie wird deutlich wie wichtig Assoziationen zwischen bestimmten Produkten und Musik sind. Eine GUÉGUEN 2009 sehr ähnliche Studie stammt von LE GUELLEC aus dem Jahr 2007. Er untersuchte das Verhalten von Kindern im Alter von 12 bis 14 Jahren in einem Süßigkeitenladen. Als Variablen hatte er auch drei: Cartoon music, Top Forty music und no music. Als Ergebnis fand er heraus, dass Kinder sich deutlich länger im Geschäft aufhalten, wenn cartoon music gespielt wurde. Auf eine Untersuchung der unterschiedlichen Umsätze verzichtete er allerdings, sodass hier keine Aussage getroffen werden kann (LE GUELLEC 2007).

Die Verwendung von background music im Buchhandel ist eher nicht üblich, allerdings fehlen hier wissenschaftliche Studien, die eine Umsatzsteigernde Wirkung beweisen können. Das vielfältige Publikum im Buchladen macht eine Musikauswahl auch nicht leicht. Durchaus vorstellbar und teilweise auch üblich ist das Abspielen von Musik-CDs, welche im Laden auch käuflich sind (Deutscher Buchhandel 2007, 12-15).

Eine Ausführliche Studie zur Wirkung von background music als Economy Sound liefert VANECEK (1991, 37-68). In Zusammenarbeit mit der Universität Wien wurden 1991 über vier Wochen vier Kaufhäuser[8] in Wien ausführlich analysiert. Es standen vier

---

[7] Leider wird in der Studie nicht erwähnt über wie viele Tage, Wochen, etc. „täglich" geforscht wurde

[8] Im Titel des Buches ist die Rede von Warenhäusern. Nach der Definition von KULKE handelt es sich aber bei den untersuchten Standorten um Kauf- und Warenhäuser.

Variablen zur Verfügung: Keine Musik, beruhigende Musik, belebende Musik, Mix-Programm. Ziel war es die Wirkung von Musik auf die Kunden und das Personal zu ermitteln. Hierzu wurden Kunden- und Personalfragebögen entworfen. Zur Auswertung konnten 768 Kundenfragebögen und 196 Personal-fragebögen benutzt werden. Der Zeitraum der Studie war Mai/Juni 1989. Innerhalb dieses Zeitraumes wurden die vier Variabeln in den jeweiligen Kaufhäusern getestet, wobei jede Variabel eine komplette Woche verwendet wurde. Verschiedene Ergebnisse konnten festgehalten werden. 52,3% aller befragten Kunden gaben an, dass Musik nur zeitweilig im Hintergrund läuft, obwohl sie es die ganze Zeit über tat. Dieses subjektive Ausblenden von background music, nennt sich „Habituationseffekt" und ist weitaus größer als von den Autoren anfangs vermutet. Hingegen entsprechen die Zahlen beim „Kippeffekt" den Erwartungen: Nur 28,9% aller Kunden kaufen nach einem festen Plan ein. Alle anderen sind unentschlossen und daher gut durch background music manipulierbar. Bezüglich der Verweildauer konnte eine signifikante Auswirkung der background music auf die Verweildauer des Kunden nachgewiesen werden, wobei es hierbei ganz auf die Gegenheiten vor Ort ankommt (VANECEK 1991).

*B    Casino*

Auch im Casino wurden die Auswirkungen von background music auf die Spieler wissenschaftlich analysiert. FUJIKAWA und KOBAYASHI fanden hierbei 2010 heraus: „The experimental results confirm that background noise affects human performance in decision making under risk and intertemporal decision making, though the results do not indicate the significant familiarity effect that is a change of the preference in the presence of familiar background music and sound" (FUJIKAWA 2010, 1).

*C    Restaurant*

Welche Wirkung der Einsatz von background music in Restaurants hat wurde von CLADWELL 2002 untersucht. In ihrer Studie fand sie heraus, dass das Tempo der background music einen Einfluss auf die Länge des Restaurantaufenthaltes und auf den Konsum von Getränken haben kann. Ihre Daten wurden in einem italienischen Restaurant in Glasgow innerhalb von zwei Wochen gesammelt. Bezüglich der Variablen wurden zwei verwendet. Die erst war langsame Musik; die zweite schnelle Musik. Beide orientierten sich an den bpm-Definitionen von MILLIMAN 1982, d.h. 74 oder weniger bpm oder mindestens 94bpm für schnelle Musik. Als Musik wurde Jazz von Ella Fitzgerald abgespielt. Als Resultate des Feldexperimentes konnte die Autorin beweisen, dass bei einem langsamen Tempo der background music die Gäste um durchschnittlich 15 Minuten länger speisten, als bei der schnellen Musik. Es konnte jedoch keine Umsatzsteigerung im Bereich des Essens nachgewiesen werden, jedoch stieg der Umsatz an Getränken signifikant an.

Ähnliche Studienergebnisse erzielte MILLIMAN bereits 1986. Er verwendete dieselben Variablen, allerdings spielte er instrumentale Musik ab. Auch bei seiner Studie konnte keine Umsatzsteigerung im Bereich des Essens aufgezeigt werden; die Steigerung der Getränke hingegen beim Abspielen von langsamer Musik betrug 40% gegenüber der schnellen background music.

In der Studie von CLADWELL wurde nur der Effekt des Tempo untersucht. In einer Studie von WILSON aus dem Jahre 2003 wurde das Tempo und die Lautstärke der background music gleich gehalten; die Musikrichtung hingegen wurde als Variabel untersucht. Die Studie fand in einem Restaurant in Sydney statt. Der Zeitraum betrug zwei Wochen. Es wurden täglich von 17:30 bis 23:30 Uhr Untersuchungen vorgenommen. Insgesamt wurden 300 Personen, im Alter zwischen 10 und 82 Jahren analysiert. Die Teilnehmeranzahl verteilte sich gleichmäßig auf die fünf Variablen, d.h. auf die fünf verschiedenen Musikrichtung: Jazz, popular, easy listing, classical und no music. Es wurde jeweils an einem Tag durchgängig die gleiche Musikrichtung gespielt. Als Kontrollgruppe wurde an zwei Tagen die normale Musik des Restaurants gespielt. Als Ergebnis zeigte sich, dass die verschiedenen Musikrichtungen zu unterschiedlichen Höhen der Ausgaben der Kunden führten: „Overall, it is clearly evident that music has the potential to influence commercial processes (WILSON 2007, 106).

Tabelle 1: durchschnittliche Ausgaben pro Musikrichtung (WILSON 2003, 101)

| Musikrichtung | Durchschnittliche Ausgaben in $(AUS) |
|---|---|
| No music | 17,12 |
| Easy listing | 19,67 |
| Classical | 20,20 |
| Control music | 20,63 |
| Popular | 21,02 |
| Jazz | 21,82 |

Signifikante Unterschiede zwischen den einzelnen Musikrichtungen können nur teilweise gezogen werden, da manche Ausgaben sehr nahe beisammen liegen. Nach der psychologischer Prüfungsmethode für die Signifikanz stellt die Autorin einen Unterschied in Bezug auf Ausgaben der Kunden zwischen den Variablen no music und easy listing und den anderen vieren fest (WILSON 2003).

## 4.2 Kritik an Forschungserkenntnissen

Es ist klar, dass jede Studie unter gewissen Parameter zustande kommt. Diese Parameter oder Bedingungen können das Ergebnis der Studie stark beeinflussen. Auch eine Verallgemeinerung von Ergebnissen aus Studien, welche eine niedrige Teilnehmerzahl hatten, müssen kritisch betrachtet werden. Jedoch hat nicht jede Forschungsdisziplin eine gleiche Forschungsweise, daher ist es legitim die unter 4.1 dargestellten Ergebnisse als wissenschaftlich anzuerkennen. Der kritischen Betrachtung ist man sich in der Literatur durchaus auch bewusst. So sagt WINTER: „The results of this study suggest that several other factors were influencing the relationship between music and consumer perceptions. (WINTER 2007, 107) und auch FUJIKAWA sagt selber: „...the effects ob background music in decision making are inconsistent!" (FUJIKAWA 2010, 24).

## 5  Analyse Mainz

Politisch gesehen, kann die Mainzer Innenstadt über die Grenzen des Ortsbezirkes der Altstadt definiert werden. In diesem erstreckt sich ein für Fußgänger recht weitläufiges Einkaufsstraßensystem. Diesem System fehlt jedoch ein zentraler Kristallisationspunkt. Es gibt eine Vielzahl von Einkaufslagen, welche für sich gesehen jedoch gut frequentiert sind (Gfk 2003, 16-20). Alle Einzellagen[9] zusammen ergeben ein innerstädtisches Geschäftszentrum, welches daher als „Mainzer City" deklariert werden kann. Insgesamt erreicht diese eine Ausdehnung von 1200m Luftlinie von Nordwesten nach Südosten. Die Nordost-Südwest Ausdehnung beträgt etwa 700m. Dieser innerstädtische Geschäftsbereich setzt sich aus einer Mischung aus kulturell genutzten Gebäuden, Büro- und Wohnhäusern zusammen, die von zahlreichen Einzelhandelsgeschäften ergänzt werden (SPODEN 2004, 31). Die große Bedeutung eben dieser Einzelhandelsgeschäfte kann durch Zahlen aus dem Jahre 2003 gezeigt werden: Demnach befanden sich (Stand April 2003) knapp 40% aller Mainzer Verkaufsflächen in der Innenstadt, welche mit einem Umsatz von 492,8 Millionen Euro ein dominierender Einzelhandelsstandort war, bzw. noch ist. Bei der Erhebung wurden 1370 Einzelhandelsgeschäfte aufgelistet, welche zusammen eine Verkaufsfläche von 29200 $m^2$ aufweisen konnten. Unter Berücksichtigung der Einwohnerzahl ergibt dies einen Verkaufsflächenwert von 1,6$m^2$ pro Einwohner (Gfk 2003, 23). Mit diesem hohen Wert und der großen Vielfalt an Branchengruppen (vgl. Abbildung 3) stellt sich

---

[9] Die Einzellagen sind:
Große Bleiche, Steingasse, Lotharstraße, Römerpassage, Stadthausstraße, Schusterstraße, Am Brand, Markt, Höfchen, Gutenbergplatz, Ludwigstraße, Schillerplatz, Schillerstraße, Leichhof, Augustinerstraße (Gfk 2003, 17-20)

die Mainzer City als leistungsstarker

**Übersicht Branchengruppen**

*Branchengruppe Lebensmittel*
Bäckerei/Café
Metzgerei
Obst/Gemüse
sonstige Lebensmittel

*Branchengruppe Bekleidung*
Bekleidung
Schuhe
Lederwaren
Heimtextilien

*Branchengruppe Gesundheit/Drogerie*
Drogerie
Apotheke
Sanität/Optik
Reformhaus
Babybedarf

*Branchengruppe Haushalt*
Haushaltswaren/-geräte
Reinigungsmittel

*Branchengruppe Elektro/Foto*
Elektrowaren/-geräte
TV/Hifi
Foto

*Branchengruppe Bau-/Gartenbedarf*
Gartenbedarf
landwirtschaftlicher Bedarf
Bau-/Heimwerkerbedarf
Türen/Fenster/Jalousien

*Branchengruppe Kunst/Schmuck/Ziergegenst.*
Geschenkartikel
Kunst/Dekor/Galerie
Uhren/Schmuck

*Branchengruppe Freizeit/Hobby/Pflanzen*
Freizeit/Hobby
Spielwaren/Musikalien
Blumen/Pflanzen
Tiere/Zoobedarf
Zweirad/-zubehör
Erotik-Shop
Dekorationsartikel

*Branchengruppe Papier-/Schreibwaren*
Büroausstattung
Papier-/Schreibwaren
Bücher/Zeitungen/Zeitschriften

*Branchengruppe Möbel/Einrichtung*
Einrichtung

*Branchengruppe Tabakwaren*
Tabakwaren

*Branchengruppe Getränke*
Getränke

*Branchengruppe Zeitschr./Schreibw./Tabakw.*
Betriebe, die Zeitschriften, Schreibwaren und/
oder Tabakwaren zusammen, zu mindestens
50%, jedes einzelne dieser Sortimente zu weniger als 50% führen

*Branchengruppe Mischsortiment*
Betriebe, die kein Sortiment mit einem Anteil
von mindestens 50% am Gesamtwarenangebot
besitzen (mit Ausnahme der in die Branchengruppe Zeitschriften/Schreibwaren/Tabakwa-
ren zugeordneten Betriebe)

*Branchengruppe Auto/-zubehör*
Auto/-zubehör

Einzelhandelsstandort dar (Gfk 2003, 47).

Abbildung 3: Übersicht Branchengruppen (Thiel 1994,
146)

Um das zentrale Entwicklungsareal der Innenstadt besser miteinander zu verknüpfen wurde das Konzept der „City Meile" entwickelt. Hiermit sollen sich die Übergänge zwischen den verschiedenen Einzellagen für die Passanten als fließend darstellen. Eine Assoziation einer durchgehenden Fußgängerzone wurde optisch durch die Neugestaltung des Bodens erreicht (vgl. Abbildung 4).

Abbildung 4: Mainzer City Meile mit charakteristischer Bodengestaltung (Wenz 2011)

Vor der Datenauswertung muss hier genau definiert werden, was Einzelhandelsgeschäfte sind. Nach Spoden (2004, 8) sind letztere „Betriebe, die ihren Tätigkeitsschwerpunkt in der Beschaffung und dem Absatz von beweglichen Sachgütern haben, ohne diese Güter wesentlich be- oder zu verarbeiten". In diesem Artikel wurde nur der stationäre Einzelhandel einbezogen.

Vor Beginn der Datenerhebung wurde überlegt, was untersucht wie die Fragestellung am besten untersucht werden kann. Aus Zeitgründen standen nur zwei Tage[10] für die Datenerhebungen zur Verfügung. An beiden Tagen wurden die gleichen Einzelhandelsgeschäfte betreten und auf ihre Verwendung von background music überprüft. Freitags erfolgte die Erhebung zwischen 13 und 17 Uhr. Samstags zwischen 10 und 13 Uhr. Insgesamt wurden 75 Einzelhandelsgeschäfte untersucht. Die meisten stammen aus den Branchengruppen

---

[10] Freitag 18.02.2011 und Samstag 19.02.2011

„Bekleidung" (24 Geschäfte) und „Lebensmittel"(15 Geschäfte). Eine detaillierte Liste mit den untersuchten Einzelhandelsgeschäften findet sich aus Platzgründen im Anhang. Ebenfalls im Anhang findet sich eine Karte, die eine Verortung der Untersuchungsstandorte zulässt. Hierbei wird ersichtlich, dass zum einen ein Schwerpunkt rund um die Einzellage „Am Brand" gesetzt wurde, zum Anderen auf die Durchgangsachse der Mainzer City-Meile zwischen Neubrunnenplatz und Höfchen. Diese wird durch die Lotharstraße, der Römerpassage, der Stadthaustraße und der Seppel-Glückert Passage gebildet. Diese Achse stellt den wichtigsten Abschnitt der Mainzer City-Meile dar, da sie für Fußgänger am attraktivsten ist. Im Rahmen einer Projektstudie des Geographischen Instituts unter Leitung von Herr Prof. Dr. Günther Meyer konnte dies durch Passantenzählungen bestätigt werden (SPODEN 2004. 152). Das Gebiet „Am Brand" wurde als zweites Untersuchungsgebiet hinzugenommen, da es mit einem Wert von $100^{11}$ das Maximum darstellte.

Da diese Arbeit impulsgebend für die Forschung über background music als Economy Sound im Zusammenhang mit den wirtschaftsgeographischen Auswirkungen sein soll, wurde nur ein Parameter, nämlich die Verwendung von background music, erhoben. Hierbei gab es zwei Möglichkeiten: Ja oder Nein. Es wurden keine näheren Daten über Art, Lautstärke, Reichweite oder ähnliches erhoben.

Die Auswertung der erhobenen Daten zeigt, dass von 75 untersuchten Einzelhandelsgeschäften, mit 50 genau 2/3 aller Geschäfte auch den Einsatz von background music nicht verzichten wollen.

|  | Gesamtanzahl | Anzahl "Nein" | Prozentzahl "Nein" |
|---|---|---|---|
| Bekleidung | 24 | 1 | 4,2% |
| Lebensmittel | 15 | 8 | 53,3% |
| Gesundheit/Drogerie | 10 | 6 | 60,0% |
| Elektro/Foto | 7 | 4 | 57,1% |
| Kunst/Schmuck/Ziergegenstände | 5 | 1 | 20,0% |
| Papier-/Schreibwaren | 4 | 0 | 0,0% |
| Mischsortiment | 4 | 0 | 0,0% |
| Haushalt | 3 | 2 | 66,7% |
| Freizeit/Hobby/Pflanzen | 2 | 2 | 100,0% |
| Zeitschriften/Tabakwaren | 1 | 1 | 100,0% |
| Summe: | **75** | **25** |  |

Tabelle 2: Auswertung der erhobenen Daten nach Gruppenbranche (WENZ 2011)

---

[11] Zählung von zwei Tagen. Donnerstag und Samstag: Gesamtanzahl von 9599 Passanten an der Zählstelle „Am Brand"

Aufgeteilt nach den Branchengruppen ergibt sich folgendes Bild (vgl. Tabelle 2). Bekleidungsgeschäfte verzichten praktisch nicht auf den Einsatz von Musik. Nur ein Bekleidungsgeschäft hatte keine background music, alle anderen spielten welche. Bei der Lebensmittel Branchengruppe ist das Verhältnis von Anwender und Nicht-Anwender ausgeglichen. Eine leicht ablehnende Haltung gegenüber background music ist in der Elektro/Foto Branche erkennbar. Etwas überraschend ist die Befürwortung von background music in der Branchegruppe Papier/Schreibwaren, denn nach der Information aus Kapitel 4 ist bei Buchhandlungen der Musikeinsatz eher unüblich. Die hohen „Nein"-Werte in der Branchengruppen Elektro/Foto und Freizeit/Hobby/Pflanzen entsprechen hingegen den Erwartungen.

Die Aussagen sind jedoch auf Grund der niedrigen Anzahl von 75 Einzelhandelsgeschäften nicht signifikant, da sie nur 5% aller Mainzer Einzelhandelsgeschäfte darstellen. Desweiteren ändert sich ggf. die Zusammensetzung der Gruppenbranchen von Einzellage zu Einzellage.

## 6 Fazit

Background music ist ein gängiger und wirksamer Economy Sound, welcher in vielen Einzelhandelsgeschäften zum Zuge kommt. Es ist wichtig je nach Geschäft die unterschiedlichen wissenschaftlichen Ergebnisse zu berücksichtigen. Eine Verallgemeinerung, wie zum Beispiel „leise Musik ist angenehmer als laute", darf so nicht formuliert werden, sonder muss situativ an die auftretenden Parameter während des Kaufprozesses angepasst werden (VANECEK 1991, 58-59).

Für den Einsatz von background music sprechen die vergleichsweise relativ geringen Kosten. Im Rahmen der Entwicklungsperspektive des Einzelhandelsstandortes der Mainzer City werden von der Stadtplanung diverse Möglichkeiten diskutiert, um die Mainzer Innenstadt attraktiver zu gestalten. Hierbei kann die background music als individuelle Möglichkeit der Attraktivitätssteigerung für das betreffende Einzelhandelsgeschäft angesehen werden. Dieses Entwicklungspotenzial kann in weiterer Forschung ermittelt werden.

Weiterhin kann die wirtschaftsgeographische Klassifizierung des Einzelhandels in die verschiedenen Betriebsformen soundgeographisch untersucht werden, um zu sehen, ob sie weiterhin Bestand haben kann oder gegeben falls verändert werden muss?

Bei der Wirkung von background music dürfen die kritischen Stimmen nicht außer Acht gelassen werden. Hierzu ein Zitat von Prof. Klaus Ernst Behne von der Hochschule für Musik und Theater in Hannover: „Die Wirkung von Musik auf die Menschen ist in den letzten Jahren stark zurückgegangen. Viele hören bis zu 16 Stunden täglich Hintergrundmusik und sind einfach nicht mehr empfänglich dafür. Sie sind abgestumpft." (Deutscher Buchhandel 2007, 12).

Nichtsdestotrotz sollten zukünftige Forschungen sich nicht von dieser negativen Betrachtungsweise beeinflussen lassen, sonder selber nach Ergebnissen streben, auf denen man sich selber ein Bild über die Wirkung von background music machen kann.

## 7   Anhang

Tabelle 3: Übersicht untersuchte Einzelhandelsgeschäfte (WENZ 2011)

| Nr. | Einzelhandelgeschäft | Branchengruppe | Standort | background music |
| --- | --- | --- | --- | --- |
| 1 | Saturn | Elektro/Foto | Am Brand | Ja |
| 2 | Esprit | Bekleidung | Am Brand | Ja |
| 3 | Zara | Bekleidung | Am Brand | Ja |
| 4 | H&M | Bekleidung | Am Brand | Ja |
| 5 | Buchelei | Bekleidung | Am Brand | Ja |
| 6 | Hunkemöller | Bekleidung | Am Brand | Ja |
| 7 | Hugendubel | Papier-/Schreibwaren | Am Brand | Ja |
| 8 | Leiser | Bekleidung | Am Brand | Ja |
| 9 | Six | Kunst/Schmuck/Ziergegenstände | Am Brand | Ja |
| 10 | Ursula Hofmann | Bekleidung | Am Brand | Nein |
| 11 | Telecom | Elektro/Foto | Am Brand | Nein |
| 12 | Buffalo | Bekleidung | Am Brand | Ja |
| 13 | Peak und Cloppenburg | Bekleidung | Am Brand | Ja |
| 14 | Backfactory | Lebensmittel | Lotharstraße | Ja |
| 15 | Mc Shirt | Bekleidung | Lotharstraße | Ja |
| 16 | Telecom | Elektro/Foto | Lotharstraße | Nein |
| 17 | Grünewald | Lebensmittel | Lotharstraße | Ja |
| 18 | Parfümerie Waas | Gesundheit/Drogerie | Lotharstraße | Ja |
| 19 | Juwelier Weiland | Kunst/Schmuck/Ziergegenstände | Lotharstraße | Ja |
| 20 | Only You | Bekleidung | Lotharstraße | Ja |
| 21 | Juwelier Benjamin | Kunst/Schmuck/Ziergegenstände | Lotharstraße | Nein |
| 22 | Top Optik | Gesundheit/Drogerie | Lotharstraße | Nein |
| 23 | DM | Gesundheit/Drogerie | Lotharstraße | Nein |
| 24 | O2 | Elektro/Foto | Lotharstraße | Ja |
| 25 | Zen | Bekleidung | Lotharstraße | Ja |
| 26 | Bären Kompany | Lebensmittel | Lotharstraße | Nein |
| 27 | Metzgerei Hartsch | Lebensmittel | Lotharstraße | Nein |
| 28 | Wicky | Kunst/Schmuck/Ziergegenstände | Lotharstraße | Ja |
| 29 | Hugendubel | Papier-/Schreibwaren | Römerpassage | Ja |
| 30 | Laura Ponti | Bekleidung | Römerpassage | Ja |
| 31 | Teegeschwader | Lebensmittel | Römerpassage | Ja |
| 32 | Woolworth | Mischsortiment | Römerpassage | Ja |
| 33 | Eisdiele | Lebensmittel | Römerpassage | Nein |
| 34 | Ditsch | Lebensmittel | Römerpassage | Nein |
| 35 | Apanage | Bekleidung | Römerpassage | Ja |
| 36 | Esspresso Bar | Lebensmittel | Römerpassage | Nein |
| 37 | Hussel | Lebensmittel | Römerpassage | Nein |
| 38 | Happy | Freizeit/Hobby/Pflanzen | Römerpassage | Nein |
| 39 | Tchibo | Mischsortiment | Römerpassage | Ja |
| 40 | Douglas | Gesundheit/Drogerie | Römerpassage | Ja |
| 41 | Bita | Bekleidung | Römerpassage | Ja |
| 42 | Schlecker | Gesundheit/Drogerie | Römerpassage | Ja |
| 43 | Kiosk | Zeitschriften/Tabakwaren | Römerpassage | Nein |
| 44 | Netto | Lebensmittel | Römerpassage | Ja |
| 45 | Cook Mail | Haushalt | Römerpassage | Nein |
| 46 | Triumpf | Bekleidung | Römerpassage | Ja |
| 47 | Jumex | Bekleidung | Römerpassage | Ja |
| 48 | Pixyfoto | Elektro/Foto | Römerpassage | Nein |
| 49 | Baby Walz | Gesundheit/Drogerie | Römerpassage | Nein |
| 50 | Ulla Pomp Kerz | Bekleidung | Römerpassage | Ja |
| 51 | Bench | Bekleidung | Seppel-Glückert-Passage | Ja |
| 52 | Bäckerei Wirt | Lebensmittel | Seppel-Glückert-Passage | Nein |
| 53 | Tchibo | Mischsortiment | Seppel-Glückert-Passage | Ja |
| 54 | C&A | Bekleidung | Seppel-Glückert-Passage | Ja |
| 55 | Wohlfahrt | Papier-/Schreibwaren | Seppel-Glückert-Passage | Ja |
| 56 | Basis Coffee | Lebensmittel | Seppel-Glückert-Passage | Ja |
| 57 | Schlüsselmacher | Haushalt | Seppel-Glückert-Passage | Nein |
| 58 | Sniper Schuhe | Bekleidung | Seppel-Glückert-Passage | Ja |
| 59 | Thai Express | Lebensmittel | Stadthausstraße | Ja |
| 60 | Deichmann | Bekleidung | Stadthausstraße | Ja |
| 61 | Hilmann | Gesundheit/Drogerie | Stadthausstraße | Nein |
| 62 | Bijon Brigitte | Kunst/Schmuck/Ziergegenstände | Stadthausstraße | Ja |
| 63 | Apollo Optik | Gesundheit/Drogerie | Stadthausstraße | Nein |
| 64 | Chicken und Chips | Lebensmittel | Stadthausstraße | Nein |
| 65 | Base | Elektro/Foto | Stadthausstraße | Nein |
| 66 | Sport Fink | Bekleidung | Stadthausstraße | Ja |
| 67 | Hussel | Lebensmittel | Stadthausstraße | Ja |
| 68 | WMF | Haushalt | Stadthausstraße | Ja |
| 69 | Leo`s | Bekleidung | Stadthausstraße | Ja |
| 70 | Ergo Sum | Elektro/Foto | Stadthausstraße | Ja |
| 71 | Galerie Kaufhof | Mischsortiment | Stadthausstraße | Ja |
| 72 | Blume 2000 | Freizeit/Hobby/Pflanzen | Stadthausstraße | Nein |
| 73 | Douglas | Gesundheit/Drogerie | Höfchen | Ja |
| 74 | Reformhaus | Gesundheit/Drogerie | Höfchen | Nein |
| 75 | Bertelsmann | Papier-/Schreibwaren | Höfchen | Ja |

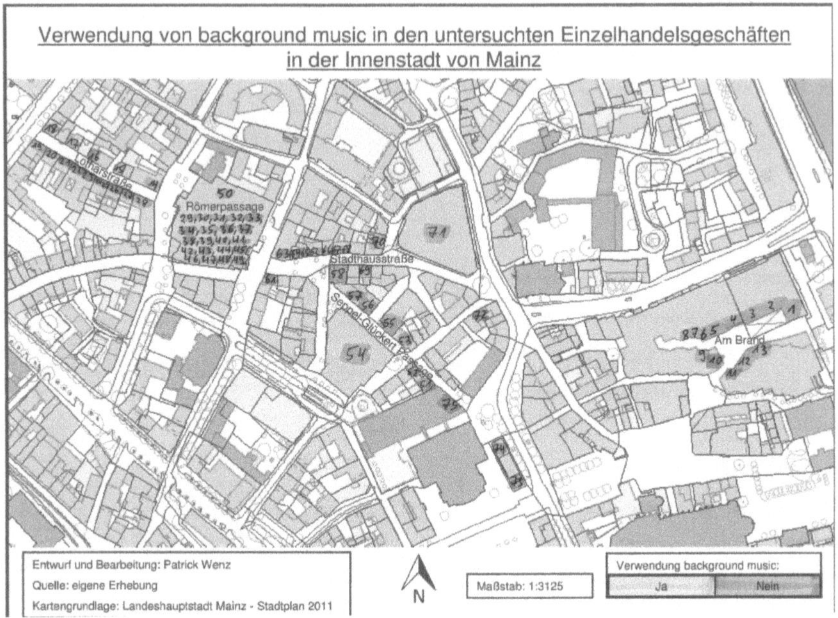


Abbildung 5: Kartographische Darstellung der Untersuchungsgebiete (Wenz 2011)

## 8 Referenzen

Alpert, J.A. and Alpert, M.I. (1989): Background Music as an influence in Consumer Mood and Advertising Responses. In: Advances in Consumer Research 16, 485-491

Billings, W.L. (1990): Effects of Store Atmosphere on Shopping Behavior. In: Honors Projects 16, 1-41

Bruner, G. (1990): Music, mood and marketing. In: Journal of Marketing 54(4), 94-104

Caldwell, C. (2002): The influence of music tempo and musical preference on restaurant patrons'behavior. In: Psychology and Marketing 19(11), 895-917

Copley, I. (2008): Effects of Sound on Shoppers and Restaurant Patrons. Internet: http://www.suite101.com/content/music-psychology-consumer-behavi-a53371 (16.01.2011)

Deutscher Buchhandel (Hrsg) (2007): Markt – Thema der Woche: Klangvolle Konsumwelt – Was Hintergrundmusik im Buchhandel bewirken kann. In: Börsenblatt des deutschen Buchhandels 32, 12-16

Dubé, L. (1995): The Effects of Background Music on Consumers` Desire to Affiliate in Buyer-Seller Interactions. In: Psychology and Marketing 12(4), 305-319

Fujikawa, T. and Kobayashi, Y. (2010): The effects of background music and sound in economic decision making: Evidence from a laboratory experiment. In: Munich Personal RePEc Archive Paper 23374, 1-36

Gesellschaft für musikalische Aufführungs- und mechanische Vervielfältigungsrecht, GEMA (2010): Tarifübersicht 2010 für Einzelhandelsgeschäfte, Arztpraxen, Friseurbetriebe u.Ä.. Internet: https://www.gema.de/fileadmin/user_upload/Musiknutzer/Tarife/Tarife_ad/tarifuebersicht_einzelhandel.pdf (07.12.2010)

Gesellschaft für musikalische Aufführungs- und mechanische Vervielfältigungsrecht, GEMA (2009): Geschäftsbericht 2009. In: Internet: https://www.gema.de/fileadmin/user_upload/Presse/Publikationen/Geschaeftsbericht/geschaeftsbericht_2009.pdf (02.02.2011)

GUÉGUEN, N.; JACOB, C.; BOULBRY, G. AND SAMI, S. (2009): Love is in the air: congruence between background music and goods in a florist. In: The International Review of Retail, Distribution and Consumer Research 19 (1), 75-79

GUÉGUEN, N.; JACOB, C.; LOUREL, M. AND LE GUELLE, H. (2007): Effect of Background Music on Consumer`s Behaviour: A Field Experiment in a Open-Air Market. In: European Journal of Scientific Research 16(2), 268-172

HELMS, D. und Phelps, T. (2007): Editorial. In: Beiträge zur Populärmusikforschung Bd. 35, 7-10

KULKE, E. (2008): Wirtschaftsgeographie. Paderborn

LANGER, M.; SAMMER, G. UND WALDAUF, M.(2004): Musik im Kaufhaus. Salzburg

LE GUELLEC, H.; GUÉGUEN, N.; JACOB, C AND PASCAL, A. (2007): Cartoon music in a candy store: a field experiment. In: Psychological Reports 100, 1255-1258

MEHRABIAN, A. AND RUSSELL, J.A. (1974): An approach to environmental psychology. Cambridge

MILLIMAN, R.E. (1982): Using Background Music to Affect the Behavior of Supermarket Shoppers. In: Journal of Marketing 46(3), 86-91

MILLIMAN, R.E. (1986): The Influence of Background Music on the Behavior of Restaurant Patrons. In: Journal of Consumer Research 13, 286–289.

Mood Media (2010): Internet: http://www.moodmedia.de/home/ (18.12.2010)

NAGLER, J. (2011): Definition von Musik. Internet: http://www-nonlinear.physik.uni-bremen.de/~nagler/musikdef.html (02.02.2011)

NORTH, A.C.; HARGREAVES, D.J. AND MCKENDRICK, I. (1997): In-store music affects product choice. In: Nature 390, 132

SMITH, R. AND CURNOW, R. (1966): Arousal Hypotheses and The Effect of Music on Purchasing Behavior. In: Journal of Applied Psychology 50(3), 245-256

SPODEN, C. (2004): Die Mainzer City als Einzelhandels- und Einkaufsstandort. Situationsanalyse und Entwicklungsperspektiven. Mainz

THIEL, A. (1994): Der Einzelhandel in Mainz und Erfurt. Eine vergleichende Untersuchung von Angebots- und Standortstrukturen unter Einsatz quantitativer Methoden. Erfurt.

VANECEK, E. (1991): Die Wirkung der Hintergrundmusik in Warenhäusern – eine Studie zu Auswirkungen verschiedener Musikprogramme auf Einstellung und

Kaufverhalten der Kunden und auf die Einstellung des Personals. Wien

Vida, I.; Obadia, C. and Kunz, M. (2007): The Effects of Background Music on Consumer Responses in a High-end Supermarket. In: International Review of Retail, Distribution & Consumer Research 17(5), 469-482

Wicke, P; Ziegenrücker, K.E. und Wieland, R. (1997): Handbuch der populären Musik. Mainz

Wilson, S. (2003): The effect of music on perceived atmosphere and purchase intentions in a restaurant. In: Psychology of Music 31, 93-112

Yalch, R. and Spangenberg, E. (1990): Effects of store music on shopping behavior. In: Journal of consumer Marketing 7(2), 55-63

Autor

Patrick Wenz

Johannes Gutenberg-Universität Mainz

Geographisches Institut